《趣味航空动手做》编委会

荣誉顾问：何　友　孙　聪

顾　　问：黄爱华　童海云

主　　编：姚俊臣

副 主 编：孙延波　李汉东

执　　笔：尹志文　郭依凡　李佳佳　吴嘉俊

教具设计：钱学文　王伟锋　李　伟　王孝东

参　　编：刘洁萍　陈颖聪　王　赫　何玉卿　程玥颖

插　　图：李晨曦

"一个好问题"系列丛书

趣味航空动手做

（启蒙篇）

博尔国防科普基地　编著

北京航空航天大学出版社
BEIHANG UNIVERSITY PRESS

内 容 简 介

本书是"一个好问题"系列丛书之《趣味航空动手做（启蒙篇）》。全书共 16 个章节，每个章节包含 3 分钟航空故事、航空试验站、思维加油站、头脑风暴室 4 个部分。本书主要从航空的发展历程入手，激发读者对航空及工程的兴趣，初步了解工程思维。每个章节配套有动手实操的教具包，全书共包含 16 套教具和说明书、工具箱。此外，本书配套有相关的课程服务，包含教师培训文件、PPT 课件、思考题参考答案、学生作业单、视频资料等，可辅助老师上课使用，有教学需要的老师可以扫描封面的二维码获取。

本书可作为中小学社团活动辅助教材，也可供学生课外阅读或老师上课使用。

图书在版编目（CIP）数据

趣味航空动手做. 启蒙篇 / 博尔国防科普基地编著

. -- 北京：北京航空航天大学出版社，2022.5

ISBN 978-7-5124-3770-8

Ⅰ. ①趣… Ⅱ. ①博… Ⅲ. ①航模—制作—普及读物

Ⅳ. ① G875.3-49

中国版本图书馆 CIP 数据核字（2022）第 057231 号

趣味航空动手做（启蒙篇）

博尔国防科普基地　编著

策划编辑　龚　雪　责任编辑　赵延永

*

北京航空航天大学出版社出版发行

北京市海淀区学院路 37 号（邮编 100191）　http://www.buaapress.com.cn

发行部电话：（010）82317024　　传真：（010）82328026

读者信箱：goodtextbook@126.com　　邮购电话：（010）82316936

北京雅图新世纪印刷科技有限公司印装　各地书店经销

*

开本：710×1 000　1/16　印张：7　字数：125 千字

2022 年 5 月第 1 版　2024 年 12 月第 2 次印刷

ISBN 978-7-5124-3770-8　定价：39.00 元

序

"科学家发现未知之事，工程师则创造未有之物"。我们日常生活中的各种工业产品都是工程师的创造，我国现有工程师超过 4 200 万，是名副其实的"工程师大国"。

飞机的发明者莱特兄弟，最早以开设自行车行为业。由于兄弟俩对飞行器的强烈兴趣，在学习了空气动力学等基础理论后，通过风洞试验、滑翔试验以及对鸟类飞行的观察，在人类历史上第一次发明了重于空气的、有人驾驶的、可控的飞机。莱特兄弟的成功不仅是因为天赋，也因为他们有不同于以前任何人的工程方法。莱特兄弟是第一个真正意义上被称为"航空工程师"的人。

2021 年 3 月 19 日，中国科协、中国工程院和中国联合国教科文组织全国委员会在北京成立"中国工程师联合体"，提出"创新工程教育机制 培育未来人才"，从发展的角度，吹响了创新工程教育的号角。

中国航空学会组织航空科普专家及教育工作者编写的这套丛书，旨在培养青少年的工程素养。全书由不同的项目组成，每个项目都是一个独立的科普活动，但也可以连贯成一个学年的课程。每个项目首先由一个航空问题引出，启发青少年的思考，通常的发明创造都是由解决一个问题引发的。动手环节旨在培养青少年的工程实操能力，包括看懂图纸、学会设计、使用工具、试验改进等，全面地实践一个产品的设计、制作、试验、使用的全生命周期过程。延伸阅读环节让青少年在行业应用的层面做更深入、更广泛的思考，更深刻地激发他们用科技改变世界的兴趣。

航空航天是工程师的事业，我国在航空航天领域已经取得了巨大的成就，并在不断缩小同发达国家的差距。少年强、青年强，则中国强。青少年是祖国的未来，航空航天伟业需要优秀的青少年积极参与。那么就从现在开始吧！

中国工程院院士
歼 15"飞鲨"舰载机总设计师

前　言

　　航空航天技术是最具魅力的科学技术之一，其技术成果不仅极大地改变了世界，也深刻影响着人们的日常生活，是一个国家科学技术水平的标志和综合国力的体现。本书以 3 分钟航空故事为切入点，涵盖了航空的发展概况、分类、结构、飞行原理、动力装置、机载设备、飞行器保障、工程技术、航空组织等方面，以航空知识为载体，激发青少年的学习兴趣，通过动手实验培养学生的工程思维，从而全面提升学生提出问题和解决问题的能力。

　　博尔国防科普基地作为全国航空科普基地，承担着普及航空知识、激发青少年航空科学兴趣的使命。在航模教具方面，面向全国的航模爱好者，基地收集了近百种不同的航模教具，并独立开发了 20 余种航模教具。在航空知识方面，基地独立地开发了博尔基地航空知识库，包括航空知识、航空人物、航空故事、航空机型、航空设备、航模比赛等诸多方面，并在教育界专家的指导下，深入地了解了相关的教育理论。在此基础上，我们开发了以教具为基础，以激发青少年对航空的兴趣和提升动手能力为目的的模块化航空科学教育课程，并在深圳多所中小学开设了分年级的航空科学教育课程，取得了较好的效果。

　　在深圳市教育科学研究院和深圳市国防教育促进会的鼓励和指导下，我们组织编写了"一个好问题"系列丛书之《趣味航空动手做》。本系列丛书主要解决以下关键问题：

　　①大概念。本系列丛书在做架构设计时，系统地梳理了航空方面所有的大概念，每个章节中的问题和知识点都围绕大概念展开，避免了知识点的重复和遗漏，向读者全面地呈现了航空的知识结构体系。

　　②递进性。航空科技的创新发展是逐步推进的，比如飞机动力装置，是从无动力到活塞式发动机，再到涡轮喷气发动机的。本系列丛书在编写过程中，根据航空技术发展的历程来安排知识点，根据知识点在历史上出现的先后顺序来设计架构，读者可以充分了解到某个知识是如何被发现，如何被解决的，对培养青少年学生的工程思维有极大的帮助。

　　③学赛结合。学生学习本书，可以为航模运动打下坚实的基础，相关章节是按

照中国航空学会的比赛来设计的，其项目成果可用于参加中国航空学会举办的比赛。

对比市面上其他的同类图书，本系列丛书主要有以下创新点：

①问题导向。本系列丛书所有章节都以有趣的开放性问题作为标题，通过问题来引出内容，激发学生的好奇心和求知欲，从而引起后续的学习兴趣。

②动手实践。本系列丛书每个章节都配套相关的科普器材，如机械拼装、软件学习等，能够加深学生对知识的理解，增强学生的动手和解决问题的能力，有利于工程思维的培养。

③思维训练。本书在每个章节最后的思考与拓展部分，围绕本章节相关"大概念"提出了几个问题，引领读者关注科技史、科学人文中蕴含的科学方法和思想启迪，在解释科学的同时对读者进行思维上的训练。

④现场体验。对于自己阅读有疑问或对航空科学感兴趣的读者，可以在节假日到博尔国防科普基地参观体验。基地较为完善的试验设备与专业人员的讲解，可以让读者更近距离地学习和为读者答疑解难。

本书在编写过程中得到了深圳市教育科学研究院及深圳市国防教育促进会国防科普专业委员会专家的悉心指导，在此表示衷心感谢。由于本书涉及科学技术及科学教育的诸多领域，鉴于编者水平有限，如有不当之处，恳请读者批评指正。

编　者

2021 年 11 月 11 日

目　录

第 1 章

世界上最早的飞行器是什么？

✈ 一、3分钟航空故事——人类的飞天梦

自古以来，人们就怀有对飞行的渴望，看到小鸟在天空中自由翱翔，人们都梦想像鸟儿一样自由自在地飞行在天际。在世界各民族绚丽多彩的神话中，都能找出许多人与鸟比翼齐飞的美好传说，中国古代流传着嫦娥奔月、仙女下凡和孙悟空腾云驾雾等神话故事；在西方的神话中，许多神仙都长有翅膀，或拥有飞鹰作为坐骑。长着一对小小肉翅的可爱的小天使，至今还被人们当作吉祥物，这些都充分反映了人们对飞行的美好遐想。

孙悟空腾云驾雾

天使雕塑

风筝是人类有记载的最早的"航空器"，至今已有2000余年的历史，《墨子·鲁问》中墨子与其他人谈话的记载可以为证："墨子为木鸢，三年而成，蜚一日而败。公输子削竹木以为鹊，成而飞之，三日不下。"意思是墨子制作了一个木头老鹰，花费三年时间终于完成，飞了一天后坏了，公输班（鲁班，公元前507—公元前444）削竹子做了一个喜鹊，做成后让它飞翔，竟三天不落。此即为关于人类"航空器"的最早记载，我国也因此被认为是人类最早航空器的发源地。

此外，墨子和鲁班同为春秋战国时期工艺技术领域的翘楚，也同为当时的鲁国（今山东潍坊、曲阜一带）人，可推断风筝前身木鸢的发源地应当在今山东一带。至于风筝的叫法，则是在东汉蔡伦改进造纸术后，木鸢改为用纸糊制，称作纸鸢。到五代时，李邺（五代时期的官员）在纸鸢头上装上竹笛，空中飞翔时风入竹笛，发出类似筝鸣声，由此得名风筝。

公输班削竹为鹊　　　　　　　　　我国的传统风筝

风筝能够飞起来，是因为在绳索的牵引下，风筝与空气之间产生了相对运动，气流在经过风筝的上下表面时具有的速度不同，从而产生了压力差（后面章节有详细讲解），最终使风筝飞了起来，从产生升力的原理上来看，风筝与现代飞机一致，这也是风筝被称为人类最早的"航空器"的原因。

✈ 二、航空试验站——风筝制作

（一）活动要求

①取出教具包，在飞机形状的风筝纸上涂上自己喜欢的颜色，并按照教具包中的要求完成风筝制作；

②了解飞机的起源，学会风筝的放飞；

③完成评价优化表，按照老师的要求，同学之间可以商量、讨论及比赛。

（二）评价优化

从评价优化表中所列的几个角度进行对比分析，还可以结合自己的分析补充其他影响因素，小组讨论后选代表阐述本组观点。

评价优化表

项　　目	测试情况	改进方法	改进情况
整洁美观程度（A、B、C、D）			
对称性（A、B、C、D）			
起飞时间 / s			
飞行高度（5 m 以下，5~10 m，10 m 以上）			

✈ 三、思维加油站——万户飞天

　　航天是人们自古以来的梦想，数千年来，人类从未停止过对天空的探索。古时的火箭是由我们祖先首先发明的，将火药装在纸筒里，然后点燃发射出去，起初只是过年过节放烟火时使用，到 12 世纪，火箭传入欧洲，人们开始把火箭当作战争武器。

　　第一个想到利用火箭飞天的人是我国明朝的陶成道，他饱读诗书，但并不热衷于功名，反而喜欢研究火器，后来投在朱元璋麾下，献火神器技艺，在历次战事中屡建奇功，受到朱元璋封赏为"万户"，从此陶成道便被人称为"万户"。晚年的万

万户飞天想象图

户想利用火箭的巨大推力将自己送上蓝天，去亲眼观察高空的景象。为此，他做了充分的准备，把 47 个自制的火箭绑在椅子上，然后自己坐在椅子上，双手举着大风筝。他的目的是想借着火箭向前推进的力量加上风筝上升的力量飞向前方，然后利用风筝平稳着陆。不幸火箭爆炸，他也为此献出了生命，这就是著名的"万户飞天"，在科学史上他被称为"第一个试图坐火箭上天的人"。

　　万户飞天的故事在民间世代

相传，近现代以来，万户飞天被叙述成一个充满了牺牲精神与悲壮情怀的故事。万户的气魄和坚强意志千百年来激励着人们，即使是普通人，也会为之动容。1970 年，国际天文联合会将月球背面的撞击坑命名为"万户"，以此来纪念他为人类探索航天作出的伟大贡献。

✈ 四、头脑风暴室

（一）世界上有哪些与飞天相关的神话传说？

（二）人类未来会不会移民到其他星球？

第 2 章
飞机可以像鸟一样飞吗？

✈ 一、3 分钟航空故事——扑翼机的故事

在我们的周围，常存在着一些飞来飞去的小生灵，如轻盈的燕子，时而俯冲大地，时而立定盘旋，时而直上蓝天，飞得那么的自由自在。飞机能不能像鸟一样扑动翅膀飞行呢？

早期的人类对于鸟类飞行十分着迷，有的人认为羽毛有特殊的作用，能够帮助鸟类飞起来，因此制作了类似鸟类翅膀的器具，甚至直接在上面粘贴羽毛，试图模仿鸟类以实现飞行的梦想，扑翼机正是在此基础上设计的。扑翼机是指机翼能像鸟和昆虫翅膀那样上下扑动的重于空气的航空器，其飞行的原理是动物和昆虫由于翅膀上下摆动时受力面积不同，从而导致翅膀上下摆动时的受力大小不同，向下摆动时空气对翅膀的反作用力大于其重量，从而整体向上推动扑翼机飞离地面。我国最早记载飞行的是《汉书》：东汉王莽当政时，有人自称能够飞行，可以对匈奴展开空中侦察。王莽请他进行试验，此人在胳膊上绑了两只大翅膀，从高楼上飞下，但只飞行了几百步，这是最早模仿鸟类成功飞行的典型例子。在西方国家，做过类似尝试的人也都以失败告终。

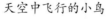
天空中飞行的小鸟

王莽时期的仿鸟飞行

进入 15 世纪以后，著名艺术家达·芬奇设计了一架外形像一只燕子，有一个三角形的尾羽、一双宽大的翅膀的扑翼机。他是这样设想的：人俯卧在扑翼机中部，手掌前部装有鸟羽的横杆，脚蹬后顶板，像划桨一样扇动空气，推动飞行。达·芬奇花费了很长时间研究鸟的翅膀，利用解剖学和物理知识设计的方案，与之前的带翼飞人相比，无疑是一种进步。

达·芬奇

达·芬奇设计的扑翼机草图

　　固定翼飞机发明后，很多人认为之前研究的扑翼机走的是弯路，但仍有不少人醉心于扑翼机研究。目前研制进展较快的是小型无人扑翼机，比方说模仿蜻蜓和鸟儿的扑翼机，只有几厘米大小，机身上携带了微型相机，可以对指定区域拍照侦察。由于飞行距离还不能满足要求，续航能力也不足，这样的扑翼机还没有大规模使用，飞机要想和鸟儿一样振翅飞翔，还有很长的路要走。

微型扑翼机（微型侦察相机装在机腹下方）

✈ 二、航空试验站——扑翼机制作

（一）活动要求

①取出教具包，按照教具包中的要求完成扑翼机制作；

②了解扑翼机的飞行原理，学会使用扑翼机教具；

③完成评价优化表，按照老师的要求，同学之间可以商量、讨论及比赛。

（二）评价优化

从评价优化表中所列的几个角度进行对比分析，还可以结合自己的分析补充其他影响因素，小组讨论后选代表阐述本组观点。

评价优化表

项　目	测试情况	改进方法	改进情况
整洁美观程度（A、B、C、D）			
对称性（A、B、C、D）			
橡皮筋旋转圈数			
留空时长 / s			
飞行距离 / m			

✈ 三、思维加油站——扑翼机为何难飞上天

明明是扑翼机率先得到了人类的青睐，成为飞向蓝天的希望，为什么最终实现人类飞天之梦的却是固定翼螺旋桨飞机呢？这里面有多种多样的原因。

早期，人们尝试在自己的胳膊上绑人造翅膀，模仿鸟类扑动翅膀的动作来飞向天空，但很快发现这个办法行不通，主要是因为与同等质量的鸟类相比，人类手臂的力量差得太远。通过解剖鸟类，人们发现，人类的胸肌厚度至少要达到1m，才能

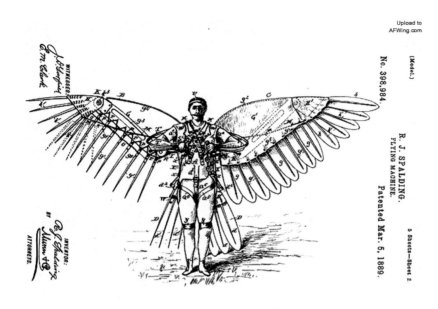

1889 年的飞行翼专利

提供飞行所需的动力,因此人类依靠自己的力量是完全无法实现扑翼飞行的。

随着技术的进步,人类开始使用机器的力量继续尝试飞行。也就是在这一时期,固定翼飞机取得了不小的成就,人们也因此对扑翼机逐渐失去了兴趣,开始把飞向蓝天的希望寄托于固定翼飞机。直到最近,研究人员发现外形和鸟类相似的微型扑翼机可以有效骗过雷达的探测,在军事侦察领域具有极高的价值。除此之外,微型扑翼机还可以充分利用空气中的不稳定气流,使其自身能够长时间在空中悬浮,在续航里程方面拥有巨大潜力,人们这才将目光重新投向了扑翼机。

制约扑翼机发展的最大难题依旧是飞行动力的问题,目前最有潜力的动力技术还是人类最熟悉的内燃机技术。内燃机具有动力强劲、燃料储能系数高等特点,但由于小型甚至微型内燃机的制造技术已经超过了现有加工技术的极限,因此暂时还未出现可供微型扑翼机使用的内燃机。

除了动力问题,控制技术也是扑翼机发展的难题之一。小微型的飞行器极易受到气流的影响而无法正常飞行,哪怕是人类呼气产生的气流也会影响到扑翼机的飞行姿态。所以,想要控制住扑翼机,使其平稳飞行,还需要大量的传感器、飞行控制器等部件使扑翼机的飞行保持平稳。这些传感器的自重及所消耗的电能也会迫使飞机增加额外的重量,这使得本就不足的续航里程与载重能力变得更为糟糕;而且微小的传感器难以制造,价格也较为昂贵,无形中给扑翼机的研发又加大了难度。

11

✈ **四、头脑风暴室**

（一）为什么黑暗中蝙蝠可以准确避开障碍物？

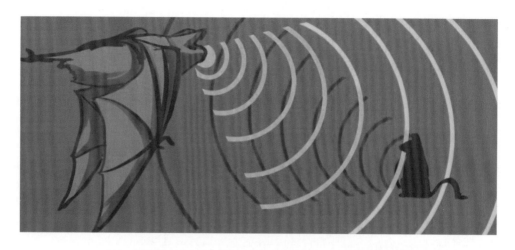

（二）长颈鹿为什么可以将血液通过长长的颈部输送到头部？

第 3 章
人类最早的飞行工具是什么？

✈ 一、3分钟航空故事——轻于空气的航空器

轻于空气的航空器是指密度小于空气，依靠浮力升空的飞行器，一般通过在内部填充低密度气体来实现降低密度的目的，比如气球和飞艇。

热气球是人类最早的飞行工具。世界上第一个热气球的发明和制造者是法国造纸商蒙哥尔费兄弟。有一天，这对兄弟看到碎纸片在火焰上飞舞，便产生了利用热空气制造飞行器的想法。在经过气球搭载动物的升空实验后，1783年11月21日，蒙格菲尔兄弟进行了第一次载人飞行的气球升空试验，这次飞行比莱特兄弟使用飞机载人升空飞行整整早了120年。

蒙哥尔费兄弟
（左上方为哥哥，右下方为弟弟）

蒙哥尔费热气球图样

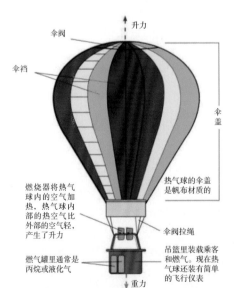

热气球构造图

热气球由球囊、吊篮和燃烧器三部分构成。外皮是由强化尼龙制成的（有的热气球是由涤纶制成的），虽然它的质量很轻，但却极结实，球囊是不透气的；吊篮一般由藤条编织而成，着陆时能起到缓冲的作用；燃烧器是热气球的动力装置。从这里可以看出，热气球没有方向舵，升空后完全随风而行，因此充满着不确定性。

热气球之后又出现了氢气球和氦气球，其升空的原理是完全相同的。氢气球是气球技术发展过程中的重要产物，一直流传至今。后来采用氦气代替氢气，气球制作和飞

行也就更加安全了。1852 年，法国人吉法尔在气球上安装了一台 3 马力（约 2 205 W）的蒸汽机带动螺旋桨的推进装置，制成了世界上第一个可操纵飞艇。它可以根据人的意志按选定的方向飞行，不再是单纯地随风飘移。

吉法尔飞艇

齐柏林硬式飞艇

随着生产力和科学技术的进步，到 19 世纪末，终于出现了有实用价值的飞艇——德国齐柏林制成的硬式飞艇。齐柏林硬式飞艇用汽油发动机作为动力，性能比其他的飞艇好，装载量也大，不久便在军事和交通运输上得到了应用。

✈ 二、航空试验站——悬浮的气球制作

（一）活动要求

①取出教具包，并按照教具包中的要求完成悬浮的气球制作；

②了解轻于空气的航空器的飞行原理；

③完成评价优化表，按照老师的要求，同学之间可以商量、讨论及比赛。

（二）评价优化

从评价优化表中所列的几个角度进行对比分析，还可以结合自己的分析补充其他影响因素，小组讨论后选代表阐述本组观点。

评价优化表

项　　目	测试情况	改进方法	改进情况
整洁美观程度（A、B、C、D）			
气球直径 / cm			
升空速度（从地面升至课桌高度用时多少）			

✈ 三、思维加油站——飞艇时代的出现和发展

1910 年 6 月 22 日，德国飞艇建立了世界上第一条商业营运的定期空中航线，往返飞行于法兰克福、杜塞尔多夫等地，航程 193 km。在第一次世界大战爆发前的 1910—1914 年的 4 年中，齐柏林制造的多种型号飞艇共飞行了 2.74×10^6 km，运送旅客 35 000 人次而无一伤亡，一时间风光无限，名声大振，飞艇热迅速向全世界蔓延开来。当时欧洲就有 5 个国家制造了近 40 艘各式飞艇，并用来建立各自国家的飞艇部队，其中法国 12 艘，德国 11 艘，俄国 4 艘，英国和意大利各 6 艘。

1914 年 7 月 28 日第一次世界大战爆发时，飞艇作为一种新式武器很快就投入了战斗。德国最先在飞艇上配备了火炮、机炮和炸弹，用来对敌方进行攻击和轰炸，并可执行侦察和预警任务。

20 世纪最初 30 年是飞艇的全盛时期。1929 年夏，超豪华级巨型飞艇 LZ-127 "齐柏林伯爵"号完成了载客状态下的首次环球飞行，此次壮举比民航飞机的环球飞行早了 12 年。"齐柏林伯爵"号飞艇长 236 m，最大直径 30.48 m，气囊容积 110 450 m³，艇上装有 5 台 412 kW 的内燃发动机和 5 副螺旋桨；最高速度 128 km/h；艇上可载客 20 ~ 35 人，艇上工作人员 40 人，此外还可搭载 15 t 货物。比"齐柏林伯爵"号更为巨大的"兴登堡"号飞艇全长 248 m，庞大的飞艇吊舱内设有酒吧、餐厅、卧室、厨房、吸烟室以及散步走廊，甚至还配置了一架大三角钢琴。到 1937 年 4 月底，"兴登堡"号安全往返于大西洋上空 56 次，成为联系欧美大陆之间的主要空中运输工具。1937 年 5 月 6 日，由于氢气被电火花引爆导致"兴登堡"号爆炸，97 名乘员中 35 人死亡，这宣告了航空史上飞艇时代的结束。

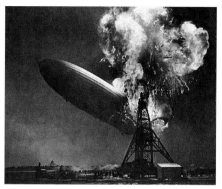

LZ-127"齐柏林伯爵"号飞艇　　　　　"兴登堡"号飞艇爆炸

　　由于飞艇在载运能力和使用成本上具有明显优势，随着航空技术的发展，特别是先进的空气动力学设计、新动力、新材料、新工艺、新机载电子设备和氦气的应用，20 世纪 70 年代后，飞艇事业又有了复苏的迹象。德国、英国、荷兰都先后制成了大型飞艇。其中 1996 年荷兰研制出的"千禧导航"号飞艇，长 74 m、直径 29 m、速度 148 km/h，最多可乘坐 230 名旅客。除用于客运外，飞艇还广泛用于运送巨型物资、安装高压电线、电视摄影、地质考察、森林防火和农业播种施肥等方面。我国也在 1985—1986 年间成功研制出"天舟"号载人热气飞艇。

✈ 四、头脑风暴室

（一）为什么买的气球可以升空，自己吹的不可以？

（二）浮力的大小和什么因素有关?

第 4 章
为什么滑翔机没有动力也能飞翔？

✈ 一、₃分钟航空故事——重于空气的航空器

　　滑翔机的出现要早于飞机，为飞机的成功研制提供了必要的技术储备。1801年，英国的乔治·凯利研究了风筝和鸟的飞行原理，于1809年试制了一架滑翔机。他记述到：滑翔机不断地把他带起，并把他带到几米外的地方。但在后来的试验中，这架滑翔机被撞毁了。1847年，已经76岁的凯利制作了一架大型滑翔机，两次把一名10岁的男孩子带上天空，一次是从山坡上滑下，一次是用绳索拖曳升空，飞行高度为2~3 m。4年后，由人操纵的滑翔机第一次脱离拖曳装置飞行成功，飞行了约500 m远。凯利对飞行原理、空气升力及机翼的角度、机身的形状、方向舵、升降舵、起落架等方面都进行了科学的研究和试验，首次把飞行从冒险的尝试上升为科学的探索。

乔治·凯利和他设计的滑翔机

　　德国土木工程师奥托·李林塔尔所设计的滑翔机把无动力载人飞行试验推向了高潮。从1871年起，他就热衷于研究和制造滑翔机，利用所有空闲时间研究空气动力学、试制飞机和驾机试飞，所著《鸟类飞行是航空的基础》一书被后来的飞行探索者奉为经典之作。他于1891年制作了第一架固定翼滑翔机，翼展为7 m，用竹和藤作骨架，骨架上缝着布，人的头和肩可从两机翼间钻入，机上装有尾翼，全机质量约2 kg，很像展开双翼的蝙蝠。他把自己悬挂在机翼上，从15 m高的山冈上跃起，用身体的移动来控制飞行，滑翔90 m后安全降落，这是世界上第一架悬挂滑翔机。

1891—1896 年间，李林塔尔共制作了 5 种单翼滑翔机和 2 种双翼滑翔机，先后进行了 2 000 多次飞行试验。1896 年 8 月 9 日，他驾驶着滑翔机在里诺韦山遭遇强风而坠落，次日去世。他留给后人的最后一句话是："要想学会飞行，必须做出牺牲。"

奥托·李林塔尔和他设计的滑翔机

1914 年，德国人哈斯研制出第一架现代滑翔机，它不仅能水平滑翔，还能借助上升的热气流爬高飞行，并且操纵性能更加完善，从此，滑翔机进入了实用阶段。在第二次世界大战期间，滑翔机曾用来空降武装人员和运送物资，今天主要用于体育航空运动。

现代的某型滑翔机

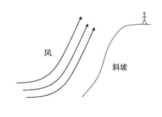

斜坡处的上升气流

滑翔机可由飞机拖曳起飞，也可以用汽车或其他装置牵引起飞，后续依靠上升气流持续飞行，或者通过牺牲高度来维持飞行。在无风情况下，滑翔机在下滑飞行过程中依靠自身重力的分量获得前进动力，这种损失高度的无动力下滑飞行方式被称为滑翔。在有上升气流时，滑翔机可以借此实现平飞或升高，这种飞行方式称为翱翔。滑翔和翱翔是滑翔机的两种基本飞行方式。

✈ 二、航空试验站——滑翔机制作

（一）活动要求

①取出教具包，并按照教具包中的要求完成滑翔机制作；

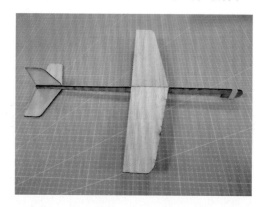

②了解重于空气航空器的飞行原理，学会滑翔机教具的使用；

③完成评价优化表，按照老师的要求，同学之间可以商量、讨论及比赛。

（二）评价优化

从评价优化表中所列的几个角度进行对比分析，还可以结合自己的分析补充其他影响因素，小组讨论后选代表阐述本组观点。

评价优化表

项　目	测试情况	改进方法	改进情况
整洁美观程度（A、B、C、D）			
对称性（A、B、C、D）			
机翼安装位置（距离机头多少厘米）			
留空时长 / s			
飞行距离 / m			

✈ 三、思维加油站——翼装飞行

翼装飞行是指运动员穿戴着拥有双翼的飞行服装和降落伞设备，从飞机、热气球、悬崖绝壁、高楼大厦等高处一跃而下，飞行者运用肢体动作来掌控滑翔方向，用身体进行无动力空中飞行的运动。当滑行到一定安全高度后，运动员会打开降落伞减速降落到地面。降落伞只是在最后起安全缓冲降落的作用，整个过程大部分时间都是通过翼装飞行服进行滑翔飞行，这才是这项运动的精髓和乐趣。

天空中的翼装飞行运动员

这项运动的装备主要由翼装飞行服和降落伞组成。翼装由韧性和张力极强的尼龙材料制成的冲压式膨胀气囊组成，如在飞行运动服双腿、双臂和躯干间缝制的大片结实的、收缩自如的、类似蝙蝠飞翼的翅膀。在运动员腾空之后，张开手脚便能展开翼膜，当空气进入一个个鳍状的气囊时就会充气，使服装成翼状，从而产生浮力。这样一来就能在空中飞行，然后通过移动自己的身体来控制飞行的高低和方向。无动力翼装飞行进入理想飞行状态后，飞行时速通常可达到 200 km/h 左右，滑降比约 3:1，即在每下降 1 m 的同时前进约 3 m。

一般情况下，飞行者的降落高度有限，需要在短时间内调整姿势和打开降落伞包。因此，翼装飞行具有极大的挑战性和冒险性，被称为"世界极限运动之最"，也被广泛认为是世界上最危险的极限运动。全球仅有大约 600 名翼装飞行运动员，至少已有 28 个人因这项运动而丧生，且丧命人数持续攀升。

✈ 四、头脑风暴室

（一）为什么老鹰有时不扇动翅膀也能飞翔？

（二）滑翔伞和降落伞有什么区别？

第5章
莱特兄弟是如何发明飞机的？

✈ 一、3分钟航空故事——莱特兄弟的故事

莱特兄弟对人类航空的卓越贡献在于首次实现了重于空气航空器的载人受控持续动力飞行。

哥哥：威尔伯·莱特（1867—1912）　　弟弟：奥维尔·莱特（1871—1948）

在初期，两人对飞行及航空技术的了解是十分有限的，出于对机械的痴迷，他们在1895年后开始接触并自学一些航空知识。1896年，听闻德国航空先驱奥托·李林达尔在滑翔飞行中遇难的消息后，莱特兄弟开始关注飞行，并在此后的3年间学习了大量相关知识，于1899年开始真正踏上钻研动力飞行的征程。

莱特兄弟常常仰面朝天躺在地上，一连几个小时仔细观察鹰在空中的飞行，研究和思索它们起飞、升降和盘旋的机理，最终凭借其聪明才智开启了可控飞行的大门。他们认识到掌握飞机控制方式的重要性，并采用了扭转机翼的方式来控制滚转动作，还发明了与副翼联动的方向舵来避免飞机滑向彻底滚转。在3年的业余研究工作中，莱特兄弟不仅建造了世界上最早的风洞，测试了上百种机翼翼型方案，还建立了可靠的升力和阻力数据关系，这对于他们设计第一架动力飞机至关重要。莱特兄弟发现当时并没有与螺旋桨设计相关的科学理论，于是利用自己的理论知识制造了新型螺旋桨，其工作效率与今天轻型飞机使用的螺旋桨别无二致。

1:1 复原的莱特兄弟风洞（博尔国防科普基地）

1903 年 12 月 17 日，莱特兄弟驾驶自行研制的一架机身比空气重，能够依靠自身动力持续滞空不落地的飞机——"飞行者一号"共飞行了 36 m，留空 12 s。"飞行者一号"是人类历史上第一架能够自由飞行，并且可以完全操纵的动力飞机，这一天也就成了飞机诞生之日。此举奠定了他们作为飞机发明人的地位，也奠定了美国作为航空早期引领者的地位。

"飞行者一号"

✈ 二、航空试验站——莱特航模制作

（一）活动要求

①取出教具包，并按照教具包中的要求完成莱特航模制作；

②了解飞机的发明历程，学会莱特航模的制作；

③完成评价优化表，按照老师的要求，同学之间可以商量讨论。

（二）评价优化

从评价优化表中所列的几个角度进行对比分析，还可以结合自己的分析补充其他影响因素，小组讨论后选代表阐述本组观点。

评价优化表

项　目	测试情况	改进方法	改进情况
整洁美观程度（A、B、C、D）			
对称性（A、B、C、D）			
牢固性（A、B、C、D）			

✈ 三、思维加油站——几乎淹没在莱特光环中的人

格伦·哈蒙德·寇蒂斯
（1878—1930）

美国航空先驱格伦·哈蒙德·寇蒂斯（1878—1930）出生在纽约。小时候，家境并不富裕的他曾做过报童，每天课余时间就在他们的小社区里将报纸送到每家门前，这也是他的乐趣所在。

寇蒂斯进入航空领域的时间应当从 1904 年算起，那一年，他签订了一份监制军用飞艇的合同，同时负责制造该飞艇所用的发动机，并帮助托马斯·鲍文成为美国第一位飞艇驾驶员。正是因为鲍文的关系，寇蒂斯在 1906 年 8 月陪同鲍文去展示飞艇，遇到了他一生的"冤家"——莱特兄弟。莱特兄弟在 1906 年的时候已经是全美知名的飞机发明家，飞机的发明同时也掀起了专利申请与保护的浪潮，两兄弟在改进飞机设计的同时也在为自己飞机设计专利的事情而忙碌。寇蒂斯和鲍文拜访了莱特兄弟，莱特兄弟自然不会将他们飞机改进的进展告诉同行，但此时的寇蒂斯和鲍文并不属于飞机行业这一范畴（起码莱特兄弟这样认为），于是在交流中透露了一些技术方面的内容，至于具体到什么程度就不得而知了，而这也导致了后来寇蒂斯与莱特兄弟的专利之争。

事实上，拜访莱特兄弟之前，寇蒂斯已经对飞机有所了解，他的主要推动力是对速度的狂热追求，然而莱特兄弟并不知情。那次谈话对后来寇蒂斯在航空领域的发展带来了多大帮助难以判断，但清楚的是，过于专注于专利保护消耗了莱特兄弟大量的精力，在那之后的七八年间，莱特兄弟忙于各种起诉以限制其他人对飞机的研究，或者忙于索取专利费用，在飞机创新上的进展则大不如前。1915 年之后，莱特兄弟几乎没有单独销售出过他们的飞机。

相比莱特兄弟，寇蒂斯更加善于向同时代的航空先驱学习，在与莱特兄弟的专利之争中，寇蒂斯不断改进并推出新的设计方案，可以肯定的是，寇蒂斯借鉴了很多莱特兄弟的经验，但并不是简单的抄袭："飞行者"用扭曲翼尖操纵飞机转弯，寇蒂斯改进并利用副翼操纵；学习法布尔浮筒式水上飞机设计，1913 年对水上飞机船形机身进行革命性改进，这些无一不是重大的创新。保守只能解决过去的问题，只有不断前行才能面对未来的不确定性。

✈ 四、头脑风暴室

（一）莱特兄弟对飞机技术有何贡献？

俯仰运动　　　　　　　偏航运动　　　　　　　滚转运动

（二）中国第一个发明飞机的人是谁？

第6章

飞机这么重是怎么飞起来的？

✈ 一、3 分钟航空故事——伯努利定理

在进行讲解前，我们先进行一个简单的小实验：准备两张纸，使它们相对立，然后往中间吹气，会出现什么情况？两张纸是向外分开还是吸在一起？

结果是两张纸在内外压强的作用下吸在一起，这是为什么？

这就要了解一下伯努利定理。伯努利定理指出流动速度增加，流体的压力将减小；反之，流动速度减小，流体的压力将增大。当我们往纸张中间吹气时，纸张中间空气的流动速度增加了，压强减小，相对纸中间的空气流速，纸两边

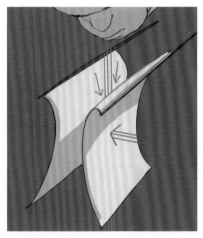

向两张纸中间吹气

空气流动速度较慢，压强大。压强大的会向压强小的挤压，因此纸就吸在一起了。

伯努利定理不仅可以解释纸张现象，连飞机起飞原理也可以用它解释。下图为飞机机翼的剖面图，可以看到，机翼上边弯曲下边平滑，机翼上边之所以设计成弯曲结构，是因为这样可以使机翼上边空气流动速度较快，压强小；而下方平滑，空气流动速度较慢，压强大，于是产生了压力差，从而产生了向上的升力。

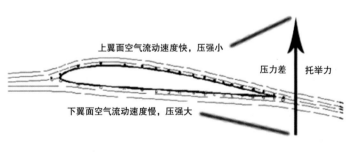

伯努利定理

大风吹过伞面的流线图

其实日常生活中我们也能发现类似现象，如每当大风吹来，在雨中撑伞的行人会有种伞被向上"吸"的感觉，产生这一现象的主要原因就是伞上方的空气流速大于下方，因此产生了向上的升力。

✈ 二、航空试验站——升力演示试验

（一）活动要求

①取出教具包，并按照教具包中的要求完成升力演示装置制作；

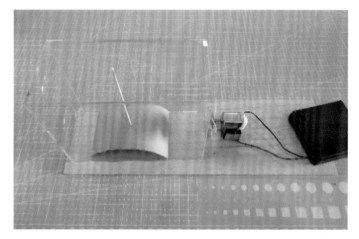

②了解升力产生的原因，学会使用升力演示装置测试不同翼型的升力；

③完成评价优化表，按照老师的要求，同学之间可以商量、讨论及比赛。

（二）评价优化

从评价优化表中所列的几个角度进行对比分析，还可以结合自己的分析补充其他影响因素，小组讨论后选代表阐述本组观点。

评价优化表

项　目	升空时间 /s （机翼由最低处到最高处的用时）
翼型 1	
翼型 2	
翼型 3	

✈ 三、思维加油站——一路逆风

平常送别亲朋好友时，我们通常会对他们说一路顺风，以此表达祝福之情。开车顺风的确会很顺畅，还省油。但换成飞机就不一样了，飞机起飞和降落两个阶段都需要逆风，所以"一路顺风"并不是飞行最好的环境。

飞行中的飞机

飞机之所以能飞在空中而不掉下来，是因为机翼提供了升力，机翼能够提供升力，是因为机翼与气流形成相对速度，上下表面产生压力差，在一定范围内相对速度越大，压力差越大，升力越大。

在飞机发动机推力相同的情况下，逆风的时候，机翼上面的空气和下面的空气形成的速度差大，从而形成的升力也大，使飞机滑跑较短的距离就可以飞起来。

降落的时候，飞行员需要将飞机相对于地面的速度尽可能降低。这时如果逆风，在减速时为机翼提供相对大一些的升力，有助于飞机缩短滑跑距离，顺利降落。

由此可见，坐飞机时最好不要讲"一路顺风"啦！

✈ 四、头脑风暴室

（一）为什么要在安全线以外的地方等车?

（二）帆船为什么可以逆风前进?

第 7 章

为什么有些飞机能在水上起降？

✈ 一、₃分钟航空故事——水上飞机

我们平时坐的飞机都是在机场滑行起飞的，航空母舰上的飞机有弹射起飞和滑跃起飞，直升机可以进行垂直起飞，不过这些都需要有"陆地"支撑，大家见过在水上起飞的飞机吗？

许多人认为，飞机只能在机场跑道上起飞或降落，因为只有平坦、坚硬的地面，才能够帮助飞机完成滑行、加速和升空的整个过程，飞机在着陆时同样需要有跑道，在跑道上完成从减速到停止的一系列动作。按照这个思路，飞机是不能在水面上起降的，那么事实果真如此吗？

世界上第一架能够依靠自身的动力实现水上起飞降落的水上飞机是由法国人亨利·法布尔研制的，但它的外形比较简陋，几乎就是在两根光秃秃的木杆前后各安装了一对机翼，飞行员索性就坐在杆子的中央，然后由一副螺旋桨从后面推动飞机向前运动。

亨利·法布尔研制的水上飞机　　　　　　中国研制的 AG600 水上飞机

水上飞机是指能在水面上起飞、降落和停泊的飞机，它之所以可以适应水上、空中两种不同的环境，是因为它的特殊设计。假如说它是船，但它却像飞机一样有机身、机翼、尾翼、螺旋桨以及起落架；假如说它是飞机，但它的机身又是斧刃形的庞大船体。这一独特的特点，使它成为真正的"全能选手"。

当水上飞机停泊在水上时，宽大船体所产生的浮力就会使飞机浮在水面上，并且不会下沉；但在需要起飞时，螺旋桨发动机产生的拉力就会拖着它以相当快的速度在水面上滑跑，伴随着速度的不断增加，机翼上产生的升力慢慢克服了飞机的重力，从而把飞机从水面上逐渐"托"起来，成为在空中飞行的航船；而在它完成空中任务之后，自然也要重返到水面，从而成为一只可以在水上滑跑的航船。现代水上飞机主要用于海上巡逻、反潜、救援和体育运动、旅游、通勤、航拍等方面。

正在水面滑行的 AG600 水上飞机

✈ 二、航空试验站——水上飞机制作

（一）活动要求

①取出教具包，并按照教具包中的要求完成水上飞机制作；

②了解水上飞机的工作原理，学会用多种方法设计制作水上飞机，加深对浮力的理解；

③完成评价优化表，按照老师的要求，同学之间可以商量、讨论及比赛。

（二）评价优化

从评价优化表中所列的几个角度进行对比分析，还可以结合自己的分析补充其他影响因素，小组讨论后选代表阐述本组观点。

评价优化表

项　目	测试情况	改进方法	改进情况
整洁美观程度（A、B、C、D）			
是否直线滑行			
水面滑行 2 m 所用时间 /s			

✈ 三、思维加油站——地效飞行器

地效飞行器也称作翼地效应机或飞翼船，是一种利用地面效应飞行的飞行器，结合了普通飞机与气垫船两者的特点。与普通飞机不同的是，这种飞行器主要在地效区飞行，也就是贴近地面、水面飞行，需要全时间利用地面效应来运作。

Airfish 8 地效飞行器

当运动的飞行器贴近地面或水面飞行时，气流流过机翼后会向后下方流动，这时地面或者水面将产生一股反作用力，当它在距离水面等于或小于 1/2 翼展的高度上飞行时，整个机体的上下压力差增大，升力会陡然增加，阻力减小，阻挡飞行器机翼下坠。这种可以使飞行器诱导阻力减小，同时能获得比空中飞行更高升阻比的物理现象被称为地面效应，并由此开辟了地效飞行技术。

地效飞行器具有适航性强、巡航速度高、成本低、用途广泛的特点。在军事领域，地效飞行器除可用于攻击敌舰艇及实施登陆作战外，也可用于执行运送武器装备、快速布雷、扫雷等任务，还可为海军部队提供紧急医疗救护。在民用领域，地效飞行器不仅可用于客、货运输，还可用于资源勘探、搜索救援、旅游观光、远洋渔船和钻井平台换员运输、通信保障与邮递等，在跨海洋运输中有较好的经济性和安全性。

当然，尽管地效飞行器使用前景广阔，但今仍面临不少技术障碍。比如，当它要以比飞机轮船更高的运载效率运作时，需要尽量紧贴地面或水面，但是一旦出现机翼机身碰地或水就很容易失控。此外，现有技术条件下，结构废重太大，这意味降落时的冲击会比水上飞机大得多。受现有材料性能限制，造出真正使用寿命、维护费用达到经济可行的地效飞行器还很难，需要长期的投入和发展。

✈ 四、头脑风暴室

（一）为什么飞机是横着起飞，而火箭是竖着起飞？

（二）航母上的飞机是如何起飞和降落的？

第8章

直升机是如何产生升力的？

✈ 一、3 分钟航空故事——直升机的升力

竹蜻蜓是我国古老的玩具之一，具有悠久的历史，据说公元前 500 年，中国人从观察蜻蜓飞翔中受到启发，制成了会飞的竹蜻蜓。2000 多年来，竹蜻蜓一直是中国孩子手中的玩具。玩竹蜻蜓时，用双手掌夹住竹柄，快速一搓，双手一松，竹蜻蜓就飞向了天空。18 世纪，竹蜻蜓传到欧洲，这种简单而神奇的玩具令西方人惊叹不已，并为西方设计师带来了研制直升机的灵感。

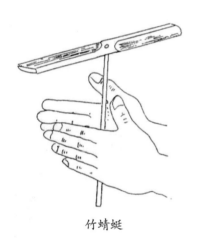

竹蜻蜓

直 20

瑞士数学及物理学家丹尼尔·伯努利在 1738 年提出了描述空气流动速度与压力关系的著名理论——伯努利原理，这是流体运动最基本、最重要的方程之一。这一经典简洁的理论在随后成为了除气球和火箭外，所有有动力飞行器飞行的基本原理。

根据伯努利原理，固定翼飞机在飞行时，机翼朝前，由于机翼上下表面外形有差别，故流经机翼上下表面的气流速度有差异，当然也可以利用迎角调节产生上下表面气流速度的差异，进而形成机翼上下表面之间的压力差，这一压力差就是我们所说的升力。当然，机翼可以是固定的，也可以是活动的，只要保证机翼和空气之间形成相对速度即可。当机翼和机身一起前行时，机翼可以形成升力，当机身不动而机翼像风车一样旋转时，也可以和空气形成相对速度，依旧可以形成升力，这就是直升机产生升力的基本原理。

✈ 二、航空试验站——橡筋动力直升机制作

（一）活动要求

①取出教具包，并按照教具包中的要求完成橡筋动力直升机制作；

②了解直升机的飞行原理，学会橡筋动力直升机的放飞；

③完成评价优化表，按照老师要求，同学之间可以商量、讨论及比赛。

（二）评价优化

从评价优化表中所列的几个角度进行对比分析，还可以结合自己的分析补充其他影响因素，小组讨论后选代表阐述本组观点。

评价优化表

项　　目	测试情况	改进方法	改进情况
整洁美观程度（A、B、C、D）			
橡皮筋旋转圈数			
飞行高度（5 m 以下，5~10 m，10 m 以上）			

✈ 三、思维加油站——直升机的特点

与普通飞机相比，直升机不仅外形不同，而且飞行原理也有所不同。一般来讲，直升机是没有固定的机翼和尾翼的，主要靠旋翼来产生气动力。这里所说的气动力既包括使机体悬停和举升的升力，也包括使机体向前后左右各个方向运动的驱动力。直升机旋翼的桨叶的数量随着直升机的起飞质量而有所不同，重型直升机的起飞质量在 20 t 以上，桨叶的数目通常为 6 片左右，而轻、小型直升机，起飞质量在 1.5 t 以下，一般只有 2 片桨叶。

直升机的突出特点是可以做低空（离地面数米）救援、低速（甚至悬停开始）和机头方向不变的机动飞行，特别是可在小面积场地垂直起降。这些特点使其具有广阔的用途和发展前景。在军用方面，直升机已广泛应用于对地攻击、机降登陆、武器运送、后勤支援、战场救护、侦察巡逻、指挥控制、通信联络、反潜扫雷、电子对抗等方面；在民用方面，直升机应用于短途运输、医疗救护、救灾救生、紧急营救、吊装设备、地质勘探、护林灭火、空中摄影等方面。海上油井与基地间的人员及物资运输是直升机应用于民用的一个重要方面。2008 年四川汶川发生了大地震，一时间，大部分进出灾区的公路被毁，救援物资与人员无法通过陆路进出。这时候，直升机发挥了极大的作用，它既可以向灾区投递物资，也可以运送救援人员进入灾区开展营救工作，再把地震中受伤的人员运送出来。最关键的是，直升机基本上不受陆地环境的影响，只要空域条件稳定，就能执行飞行运输任务。

救援直升机

　　相对固定翼飞机而言，直升机的振动和噪声较大、维护检修工作量较大、使用成本较高，且直升机速度较低、航程较短，在今后的发展过程中还有待改进。

✈ 四、头脑风暴室

（一）直升机尾部为什么有个小螺旋桨？

（二）直升机为什么可以横着飞，也可以后退飞行？

第9章
飞机害怕雷电吗？

✈ 一、3分钟航空故事——雷电对飞机的影响

避雷针发明前，遇到雷雨天气，屋子容易被雷电劈中而着火烧毁。自从富兰克林发明了避雷针，人们便可安心待在屋子里，因为避雷针将雷电引入了地下。

雷电

飞机在雷电天气中飞行

由此我们就可以明白为什么飞机上没有避雷针了，因为避雷针要接地，而飞机在空中飞行是不接触地面的。那飞机这么大的一个金属"疙瘩"在雷雨天飞行，不就是个移动的靶子，等着被雷劈吗？

其实不用担心，飞机虽然不能避雷，但有另一个制胜法宝——放电刷。放电刷可以将飞行时与空气摩擦产生的静电释放到大气中，从而保护飞机的安全。平均而言，飞机每飞行数万小时就可能会遭遇雷击一次，但是强大的电流会平顺地流过机身或机翼表皮，留下小小的烧蚀或缺口，可在飞机降落之后进行检修，即使雷击造成了较大伤害，在检修时也可以替换掉相应的零件。如此一来，雷电便不会在飞行过程中造成事故。

现代新型的飞机都具有密封性佳、防止火花引爆的结构油箱。不过，如果不设法释放这些电荷，一旦飞机落地，它们就会极力寻找"宣泄"的通路，例如，人员、油罐车一旦靠近，这些电荷便伺机放出所有的电能，产生"跳火"现象，可能导致人员伤亡和器材设备损坏，甚至可使燃油发生爆炸！因此飞机飞行时，就得设法尽量将电荷放掉。如果是小型飞机，机身累积的电荷不会太多，在飞行途中，机翼尖端便可自行放电。但如果是大型飞机，就得在飞机主翼或尾翼装上"静电释放器"，它能够经由尖端放电,在飞行时将过量累积的静电荷释放至大气中,有的飞机的静电释放器甚至多达 10 个以上。飞机落地或维修时,必须用接地导线连接至接地栓,将剩余电荷安全引导至地面。

飞机上的放电刷

✈ 二、航空试验站——生活中的电

(一)活动要求

①取出教具包,并按照教具包中的要求完成电学试验;

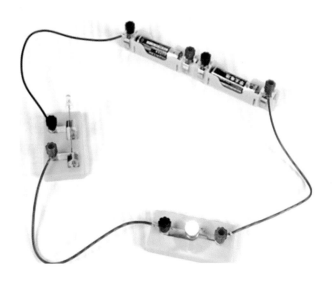

趣味航空动手做 （启蒙篇）

②学会电路的串联和并联，了解串联和并联的特点及生活中的应用；

③学会使用万用表测量电压、电流和电阻；

④完成评价优化表，按照老师的要求，同学之间可以商量、讨论及比赛。

（二）评价优化

从评价优化表中所列的几个角度进行对比分析，还可以结合自己的分析补充其他影响因素，小组讨论后选代表阐述本组观点。

评价优化表

项 目	通过小灯泡 1 的电流 /A	小灯泡 1 两端 的电压 /V	通过小灯泡 2 的电流 /A	小灯泡 2 两端 的电压 /V
串联				
并联				

✈ 三、思维加油站——雷电可以当作电源来使用吗？

每当我们听到天空中的隆隆声，总会看到一些之字形的闪光划过天空，这种光就是在云内形成的电流（有时在云和地面之间形成）——雷电。

雷电不仅明亮，而且很热，其温度约为 27 000 ℃，比太阳表面还高约 6 倍！这意味着雷击发生时，其将灼烧周围的空气。雷电携带大约 5×10^9 J 的能量，这是一个惊人的数字。那如此巨大的能量能不能被人类所利用呢？

雷击的力量

利用雷击的挑战

首先，利用雷电的能量是一个巨大的挑战。如前所述，每道雷击平均蕴含 5×10^9 J 的能量，但它仅能持续几微秒，这就会使整个操作变得复杂。除此之外，雷电没有恒定的功率，有些闪电的功率可能比平均功率高得多，有些又相当低，因此，这使得建造一座雷电发电厂的想法从一开始就困难重重。

另外，雷电的出现比较随机，我们无法知道其确切的位置或时间，所以获取其中的能量就很困难。即使事先知道这些细节，在如此短的时间内捕获这种巨大能量，仍然存在操作的问题，目前还没有这样的设备来进行这样大规模的操作。不过科技在不断地发展，可能在未来的某一天，雷电真的可以为人类所利用。

✈ 四、头脑风暴室

（一）为什么打雷时不能站在树下?

（二）为什么小鸟站在电线上不会触电？

第 10 章

飞机为什么害怕小鸟？

✈ 一、3分钟航空故事——鸟击的危害

2009年1月15日，全美航空公司一架编号1549的空客A-320客机，在纽约一机场起飞后不到一分钟遭到"双鸟击"，随后紧急迫降在哈德逊河。机长凭借精湛技术沉着处置，飞机最终安全迫降，无人伤亡。

迫降在哈德逊河的A-320客机

小小的飞鸟根本无法与飞机相提并论，但我们不能小看了小小的飞鸟，很多飞机失事都是因为飞鸟而造成的。为什么小鸟对飞机有这么大的危害呢？

飞鸟撞飞机称为鸟击或鸟撞，是指飞行器在起飞、爬升、巡航或降落过程中被鸟类撞击而发生的影响飞行安全的事件、事故或事故征候，航空器发动机的鸟击事件又称为吸鸟。飞机起飞和降落过程是最容易发生鸟击的阶段，超过90%的鸟击发生在机场和机场附近空域。在飞机出现以前，没有高速人造飞行器，鸟类在空中的飞行与人类的活动没有重叠，不会造成危害。飞机的出现使得情况发生变化，由于飞机飞行速度快，与飞鸟发生碰撞后常造成极大的破坏，严重时会造成飞机的坠毁。目前鸟撞是威胁航空安全的重要原因之一，全世界每年大约发生一万多起由鸟撞飞机导致的空中险情和空难，因此国际航空联合会把鸟害升级为A类航空灾难。

　　飞鸟的质量比飞机小得多,为什么会造成如此严重的后果呢? 原因是鸟击的危害主要来自飞行器和鸟的相对速度,而非鸟类本身的速度。当鸟与飞机相向飞行时,虽然鸟的飞行速度不大,但是飞机的飞行速度很大,实际上,鸟击将产生比炮弹还大的冲击力。因此鸟撞飞机造成的后果十分严重,甚至导致机毁人亡的事故发生。

✈ 二、航空试验站——牛顿摆制作

(一)活动要求

①取出教具包,并按照教具包中的要求完成牛顿摆的制作;

②了解动量守恒和能量守恒的概念,并学会使用牛顿摆验证;
③完成评价优化表,按照老师的要求,同学之间可以商量、讨论及比赛。

(二)评价优化

　　从评价优化表中所列的几个角度进行对比分析,还可以结合自己的分析补充其他影响因素,小组讨论后选代表阐述本组观点。

评价优化表

拉起的小球数量 / 个	1	2	3	4
被弹开的小球数量 / 个				
结论：				

✈ 三、思维加油站——发动机上的"鹰眼"

每一架飞机的发动机上都有一个白色的逗号，发动机高速旋转时这个白色的逗号很像鹰的眼睛，所以也叫它为"鹰眼"。"鹰眼"是为了提升发动机的颜值吗？为什么每架客机发动机上都会有"鹰眼"呢？实际上，这个发动机整流锥上的白色小符号有自己专业的名字——螺旋线，它背后的设计原理有以下几点：

航空发动机上的"鹰眼"

（1）提高地面人员的安全性

当发动机运行时，可以看到一片模糊的白色或漩涡（根据引擎的旋转速度而定），这就是在提醒停机坪上的所有人要远离巨大的喷气引擎。停机坪上一般有多架飞机，如果只有一架飞机的发动机在工作，就可以很容易地通过发动机的轰鸣声判断哪一架飞机的发动机在工作。但如果有多个发动机同时运转，判断起来就比较困难。何况地勤人员在停机坪上会戴着听力保护装置，更不容易凭发动机声音判断哪个正在运行、哪个没有运行。站在飞机前方时，能看到整流锥的螺旋线，大多数飞机的螺旋桨叶片上也有标记，当螺旋桨以高速旋转时，标记会在空中形成线条。地勤人员可以看得清清楚楚。

（2）提高维修效率

在昏暗的晚上或光线不足的阴天，螺旋线成为地面维护人员判断发动机运转状况的一个参照物。因为启动发动机时，叶片的加速旋转会给人的眼睛造成错觉，不易看清叶片转速的快慢，有了螺旋线，就能参照判断发动机的运转情况。

（3）驱鸟，降低鸟击概率

当引擎转动时，像老鹰眼睛一样的螺旋线可以吓走一些小鸟，从而可防止一些事故的发生。

✈ 四、头脑风暴室

（一）机场如何驱鸟？

（二）为什么高速公路上禁止乱丢垃圾？

第 11 章
为什么大部分客机都是白色的？

✈ 一、₃分钟航空故事——飞机涂装

飞机已经成为人们出行的重要交通工具之一，它的方便与快捷改变了人们的出行方式。从电视上或者生活中观察到，大部分民航客机的机身颜色都是白色的，这是为什么呢？

飞行中的客机

（1）安全性方面

干净的白色喷漆能帮助维修人员更快地辨别出飞机上有问题的部分，例如燃油泄漏或者腐蚀痕迹。有抢险人员表示，在事故中，白色的飞机能够更快地被发现。

（2）经济性方面

如果对飞机进行装饰，其成本非常高，可以用一个公式来说明，更多色彩＝更多重量＝更多耗油＝更高成本。对一架飞机进行彩色喷漆的费用为5~20万美元，约为34~138万人民币。整个喷涂工作需要耗费2~3周的时间，这也会对航空公司的收入造成影响。

（3）增强散热性

将机身涂成白色有利于散热。飞机的飞行高度都在云层的上面，太阳光直接照射在飞机机身上。如果是像黑色类的深色系颜色，会比白色吸收更多的热量，机身温度太高会带来安全隐患。而白色能反射全部的光，吸收的热量非常少。这也是现在更多的家庭会选购浅颜色的私家车的原因！

彩色客机 民航客机

（4）其他原因

当公司运营状况变差时，他们可能想要转卖或自行出租他们的飞机。通常白色的飞机更容易转手出售给其他航空公司。

✈ 二、航空试验站——放大镜燃纸试验

（一）活动要求

①取出教具包，并按照教具包中的要求完成放大镜燃纸试验；

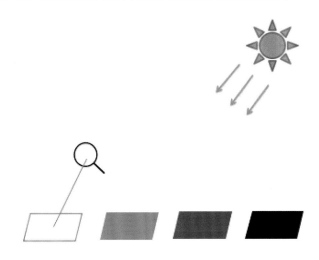

②对比不同颜色的纸张点燃的快慢，联系生活进行理解；
③完成评价优化表，按照老师的要求，同学之间可以商量、讨论及比赛。

趣味航空动手做 （启蒙篇）

（二）评价优化

从评价优化表中所列的几个角度进行对比分析，还可以结合自己的分析补充其他影响因素，小组讨论后选代表阐述本组观点。

评价优化表

不同颜色的纸	白色纸	蓝色纸	红色纸	黑色纸
着火时间 /s				

三、思维加油站——机身彩绘的好处

所谓机身彩绘，就是指在一架飞机的机身上喷涂有不同于其他普通涂装飞机的图案。随着科技的飞速发展，近年来，彩绘飞机在喷绘材料、喷绘技术等方面不断更新迭代，其喷绘图案越来越精美，喷绘水平也越来越高。同时，为了吸引乘客，各地的航空公司陆续推出了各种各样的彩绘航班，其中有可爱卖萌的，也有幽默搞笑的，还有狂拽炫酷的等。那么，机身彩绘到底有哪些好处呢？

全日空航空公司的卡通机身涂装

①"吸睛大法"，吸引更多旅客乘坐。平时看到的飞机大多数都是白色涂装，如

果飞机采用彩色涂装的话，不仅可以增加飞机自身的生动性和亲切感，而且可以增加乘客坐飞机的舒适度和愉悦度。

②向乘机人传递更多目的地的旅游资讯、企业品牌等信息。现在大多数乘客坐飞机都是去往旅游目的地，而在飞机机身上涂有与热门旅游景点相关的资讯，可以让旅游产业价值明显提高。

③提升企业的品牌知名度。通过机身涂装广告，让更多人认识相关企业。

④使用彩色涂装，能有效地运用机身作为推广媒体，增加航空公司的广告收入。

✈ 四、头脑风暴室

（一）航天服为什么有橘色和白色两种?

（二）飞机上的"黑匣子"是什么颜色的，"黑匣子"有什么作用？

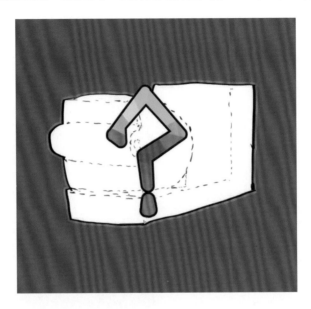

第 12 章
飞机的窗户为什么是圆的？

✈ 一、₃分钟航空故事——飞机窗户的形状

在 20 世纪 50 年代，英国制造了世界上第一种喷气式客机——"彗星"客机。这种新式客机能在 12 000 m 的平流层飞行，躲避恶劣天气，还能以接近 800 km/h 的速度稳定飞行，比当时其他的飞机都要领先许多！它集成了当时几乎所有最先进的科技，是航空史上最耀眼的里程碑之一。

"彗星"客机

然而，在短短一年的时间里，它却接连发生了 3 起重大空难事故，当时的英国首相丘吉尔决定"要不惜一切人力物力来揭开'彗星'客机坠毁的谜团"。在事故调查中，调查人员利用找回的飞机残骸，在水中模拟了空中的真实情况，进行了全面的压力测试之后发现，事故的原因竟然就来自于飞机上漂亮的方形舷窗。

方形的飞机舷窗

"彗星"客机与其他客机相比最大的特点就是飞行高度比普通客机高出了 1 倍。高空的压力比地面小得多，为了让乘客感到舒适，客舱需要进行增压。这时飞机机舱的压力比舱外的压力大，飞机机身会产生变形，由于窗框容易受到挤压，故在窗户角附近存在应力集中点。

在下面的图示中可以看到，在平滑的表面上，压力是平均分散的，但如果上面多了一个方形窗户，压力就会特别集中在窗户的四个角，这就是应力集中。

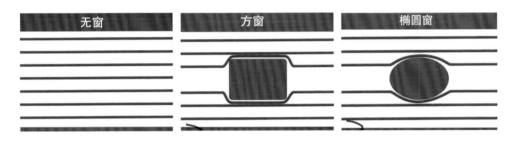

气流流过不同形状窗框的流线图

应力集中通常发生在物体表面有尖角、孔洞、缺口、沟槽的地方，该处所受的应力会比其他地方更大。椭圆窗户虽然也会造成压力不平均，但是压力点均匀分布在圆弧的点上，就不会有像方形窗户那样应力集中的情形。飞机上的窗户也是这样设计的，当把窗户设计成圆润的曲线时，窗户和机身就会很好地形成一个整体，应力可以均匀地分散到边缘，窗户就不容易破碎啦！而窗户是正方形时，应力就很容易堆积在四个尖锐的角上，当应力堆积到一定程度时，玻璃和机身就可能破裂。

你有没有注意到我们平时乘坐的公交车窗户，它们都是大大方方的，而且附近还配有安全锤。试想一下当发生紧急情况时，安全锤敲哪个部位可以最快速逃生？答案很简单，就是窗户的四个角。公交车窗户的设计也跟应力相关，大大方方的窗户会让应力集中在玻璃的四个角上，使得窗户的四个角变得相对脆弱一些，在发生紧急情况的时候，我们也能迅速敲碎窗户玻璃逃出去。

✈ 二、航空试验站——窗户受力试验

（一）活动要求

①取出教具包，并按照教具包中的要求完成窗户受力试验；

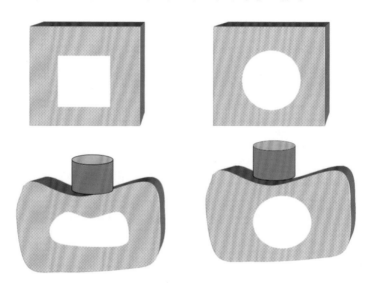

②了解不同形状的结构承力区别，联系生活加以理解；

③完成评价优化表，按照老师的要求，同学之间可以商量、讨论及比赛。

（二）评价优化

从评价优化表中所列的几个角度进行对比分析，还可以结合自己的分析补充其他影响因素，小组讨论后选代表阐述本组观点。

评价优化表

项　目	10 g	20 g	50 g	100 g
方形结构				
圆形结构				
结论：				

注：请根据试验情况，在上面表格填入"没变形""轻微变形""明显变形""严重变形"。

✈ 三、思维加油站——飞机窗户是什么材质的？

在生活中，我们习惯说飞机舷窗玻璃，但舷窗并不是真的玻璃，这种透明材料叫作丙烯酸类树脂。这种树脂有比玻璃轻、坚韧性更强及加工方便等特点。飞机舷窗的三层都是由树脂材料制成的，还具有一定的弹性。在这三层窗户中，外层窗户和中层窗户属于结构窗户，这些结构窗户的周边均用橡胶进行密封并被置在飞机的机身上。内层窗户又被称作保护罩，位于乘客这一边，被安装在机舱的内侧。当一层窗户出现破损时，整机的安全不会受到影响。这三层窗户的组合密封导致外层窗户和中层窗户之间留有微小间隙，这是两层窗户气隙设计的关键部分，其中外层窗户为主要结构窗户，承受着飞行过程中的机舱气压。可以肯定地说，这种组装形式构建了最安全的环境，能确保中层窗户受损后飞机还能安全着陆。维修手册上还警告说，若中层窗户上出现裂缝，那么客舱内不应继续增压。

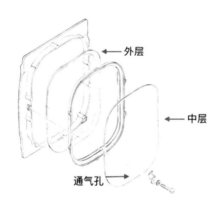

飞机舷窗结构

进入 21 世纪后，大量复合材料的使用开启了航空领域的新纪元。波音 787 因为大量使用强度较大的复合材料，减少了结构加强件，所以波音 787 的窗户也增大不少，并且采用了"智能窗"技术，即无须用手推拉机械式的遮阳板，按下电钮就可以随心调节窗玻璃的色彩。这种能控制透明度的智能窗户采用了电致变色材料，可以在电压作用下发生氧化还原反应，而不同的氧化还原态材料的吸收光谱不同，所以产生了深蓝、浅蓝和透明状态。利用这种原理，通过施加电压控制材料的氧化还原状态，从而使颜色变深或变浅，还能半透明，不影响观看风景。

波音 787

说到波音 787 "梦想"飞机前所未有的大舷窗，就要讲讲为何一般飞机舷窗会很小。要知道，当年超声速飞机"协和号"的舷窗只有明信片那么大。飞机舷窗小与飞机的结构有关，飞机机体主要由蒙皮、桁条、隔框等组成，它们彼此交错、横竖组合地相连在一起。舷窗嵌在其中，所以大小会受到限制。"协和号"由于需要超声速飞行，故对飞机结构的要求更高，机体上的加强件连接也更密集，所以在当时的材料技术条件下，它的舷窗就只能往更小设计了。

 四、头脑风暴室

（一）飞机窗户上为什么有个小孔？

（二）为什么牛奶瓶是方形的，可乐瓶是圆形的？

第 13 章

坐飞机为什么会耳鸣？

✈ 一、₃分钟航空故事——飞机座舱增压

现代的飞机大部分都有增压系统，不论是民航飞机还是军用飞机，增压系统已经成为飞机标配。为什么要给客舱增压？其实很好理解，高空中气压低，空气稀薄，不加压的话人供氧不足就会出现昏迷、休克现象。想象下不背氧气瓶爬珠峰是什么状况，就可以理解不加压的危害了。

现在民航飞机通常维持舱内压力接近海拔 2 000 m 左右的大气压，即便这样，不少人还是会有一定的不适感。比如很多人起飞后就会感到耳朵胀胀的，昏昏欲睡；还有人会觉得吃东西没有味道，这是因为味蕾在高空中可能没有那么敏感，导致人们觉得飞机餐不好吃。

舒适的飞机客舱

不少飞机在地面时的横截面看起来是椭圆的，到了空中就变圆形了，客舱增压水平越大，对飞机的结构强度要求也会增加。因此，不少公务机也以机舱内压力作为其舒适性的证明，打出舱内压力等于海拔 1 500 m 之类的广告。

那么，民航飞机增压系统到底是什么样的呢？通常来说，它就是飞机的空调系统。驾驶舱一般会有压力调节阀供飞行员调节全机的压力，当飞机在高空飞行时，发动机抽取并压缩空气，经过加热后的空气被输送到客舱内。同时，飞机也会有出气口，以维持舱内压力平衡。

✈ 二、航空试验站——喷泉试验

（一）活动要求

①取出教具包，按照教具包中的要求完成喷泉试验设备的组装及测试；

②了解压强的概念及喷泉产生的原因，并对比永动机进行思考；

③完成评价优化表，按照老师的要求，同学之间可以商量、讨论及比赛。

（二）评价优化

从评价优化表中所列的几个角度进行对比分析，还可以结合自己的分析补充其他影响因素，小组讨论后选代表阐述本组观点。

评价优化表

项　目	测试情况	改进方法	改进情况
喷泉持续的时间 /s			
喷泉喷出的高度 /cm			
结论：			

✈ 三、思维加油站——流感季节飞机上的空气安全吗？

乘坐飞机翱翔天际之时，很多人会感到不安，有人担心飞机会失事，也有人担心飞机上容易传染疾病。事实上，飞机是最安全的出行方式之一。

人们往往会认为机舱是细菌的理想家园，实际上这是不正确的。虽然机舱有助细菌滋生，但是乘坐飞机仍是大家远距离出行的首选方式，而且目前也没有证据显示坐飞机会比坐公交更容易感染流感。根据世界卫生组织 (WHO) 的资料，机舱中的空气在一个小时内会被完整地更换20~30 次，一些新鲜的空气会从舱外注入舱内，剩下的空气则会被循环再用。先进的飞机上更设有 HEPA 高效滤网，有效阻隔细菌甚至病毒。

飞机客舱消毒

在 2018 年的一个研究中，研究员从 10 架飞机中收集了近 230 份空气样本和表面拭子，并未发现流感或感冒病毒，尽管这些飞机是在流感的高峰期飞行。然而，如果坐在生病的同行乘客附近的两排座位之中就比较麻烦了，如果附近有人咳嗽或打喷嚏，染病风险会成倍增加。

为了保护他人，在感冒后进入公共场所应主动佩戴口罩，这能有效阻隔咳嗽或打喷嚏的飞沫，同时佩戴口罩也能给身边的人带来安全感。另外，对一些具有高度传染性的病毒携带者，航空公司有权拒绝他们登机，这不仅是对患者负责，也是对他人负责。

四、头脑风暴室

（一）生活中我们呼吸的空气是怎么来的？

（二）为什么不可以在开着空调、车窗紧闭的车内睡觉？

第14章

飞机上为什么不能随便换座位？

✈ 一、₃分钟航空故事——载重平衡

1997年8月7日，芬兰航空公司一架DC-8货机在迈阿密机场起飞不久后失速坠毁，导致飞机坠毁的主要原因是载重平衡和飞机装载控制混乱。2004年10月14日，英国MK航空公司一架波音747-200F货机在加拿大哈利法克斯起飞时由于载重平衡问题而坠毁。2009年11月28日早晨7点40分左右，一架津巴布韦籍麦道-11货机在上海浦东国际机场附近坠毁，坠毁原因为载重平衡出现偏差。

飞机失事的场景

以上飞机失事的原因都与飞机的载重平衡有关。那么，什么是飞机的载重平衡？

飞机的载重平衡指的是一架飞机的重心位置，它对飞机的稳定性、可控性以及飞行安全性是极其重要的，稍有偏差就可能会出现机毁人亡的事故。影响飞机载重平衡的因素主要有旅客的座位安排方式和货物的装载位置、机上人员的走动、燃料的消耗、不稳定气流等。飞机的重心位置会随飞机载重量的变动而发生变化。那么飞机上的座位可以随便换吗？答案当然是否定的。在停止办理登机手续以后的30~45分钟里，地面配载平衡部门会根据旅客的人数和所装货物的重量，以及飞机载重平衡的要求计算出飞机的平衡参数，将旅客合理分布在飞机的各个座位上，然后配载平衡部门的工作人员会将平衡参数等数据拿给航班机长，以便机组确认飞机的重量、重心，从而计算出飞机最适合飞行的高度、速度和油量等飞行参数。

底部载货的民航客机　　　　　　　　　机长填写安全验收单

从飞行安全的角度来说，旅客在飞行过程中调换座位，尤其是在起降阶段，会对飞行安全造成一定影响。任何一个座位的调换都会使飞机的重心发生一定的变化，在极端情况下会使飞机失衡影响操作性能，从而危及飞行安全。所以，在飞机上，旅客是不能随便调换座位的。

但是在特殊情况下，旅客是可以提出换座位要求的，前提是要征得机组人员同意。特别是对于孕妇、带小孩的旅客、身体不舒服的旅客，以及有特殊需求的老年人等，机组人员都会给予特殊关照。

✈ 二、航空试验站——平衡飞机制作

（一）活动要求

①取出教具包，并按照教具包中的要求完成平衡飞机制作；

②了解重心的重要性，学会调节平衡飞机的重心；

③完成评价优化表，按照老师的要求，同学之间可以商量、讨论及比赛。

（二）评价优化

从评价优化表中所列的几个角度进行对比分析，还可以结合自己的分析补充其他影响因素，小组讨论后选代表阐述本组观点。

评价优化表

项　目	测试情况	改进方法	改进情况
整洁美观程度（A、B、C、D）			
对称性（A、B、C、D）			
平衡性（A、B、C、D）			

✈ 三、思维加油站——飞机重心位置对飞行的影响

飞机重心是一个假设的点，假定飞机的重量都集中在这个点上。飞机的俯仰、偏航和滚转三向转动都是围绕飞机的重心进行的，而且由于燃油的消耗、起落架收放等因素，飞机重心一直在改变。

当飞机稳定平飞时，全机升力与重量相等。民用飞机一般都具有静稳定性，即飞机重心位于全机升力中心之前，机翼提供升力和低头力矩，平尾提供负升力和抬头力矩。

飞机的重心位置

　　假设在某一飞行状态下飞机重量不变但重心前移，飞机要达到力矩平衡，需配平平尾以提供更多的负升力。可见，重心位置的变化将使纵向配平特性发生变化，重心越往后，需要的纵向配平力矩越小，由配平引起的升力损失就越少，相应的油耗也降低，在相同条件下，飞机保持稳定飞行所需的升力也越小，从而使飞机的失速速度降低，飞机起降等方面的性能得到提高。因此，从飞行性能角度看，无论是起飞、着陆或巡航状态，总体趋势为重心越靠后，飞机性能越好；重心越靠前，飞机性能越差。这也是为何现代民机使用放宽静稳定性设计的原因，通过总体气动布局设计，将飞机重心靠后，平尾尺寸减小，从而降低油耗。

　　由于机翼提供的升力要远大于平尾提供的负升力，故飞机重心靠前，机翼升力的力矩增大，通过升降舵和平尾操纵飞机就越难，飞机重心靠后，机翼升力力矩减小，通过升降舵和平尾操纵飞机就越容易。因此，从操纵性稳定性角度看，总体趋势为重心越靠后，飞机操纵性越好，稳定性越差；重心越靠前，飞机操纵性越差，稳定性越好。

✈ 四、头脑风暴室

（一）不倒翁为什么不会倒？

（二）如何确定物体的重心？

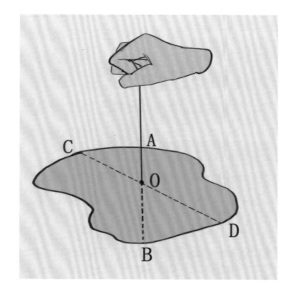

第 15 章
飞机上禁烟为什么还有烟灰缸?

✈ 一、3分钟航空故事——飞机上的烟灰缸

长途旅行的游客大多数都会选择飞机，但是不知道有没有人注意到飞机明明禁止吸烟却还是设置了烟灰缸，难道说飞机上是可以吸烟的？

民航客机

相比乘坐火车来说，乘坐飞机的要求更加严格，一些看上去并不起眼的东西在飞机上都是明令禁止携带的。照常理来说，既然飞机上不让吸烟，那么就没有必要设置烟灰缸，但如果没有烟灰缸的话飞机是不能上天的。

飞机上的烟灰缸

其实很早的时候飞机上是允许吸烟的,但是因为机舱是密封状态,如果有乘客吸烟,机上的空气便会变得十分难闻,所以慢慢的飞机上就不允许吸烟了。大部分国家都遵循国际飞行条例,如果没有设置烟灰缸的话,则无法拿到适航证,同时每一架飞机都必须配备禁止吸烟的警示牌。

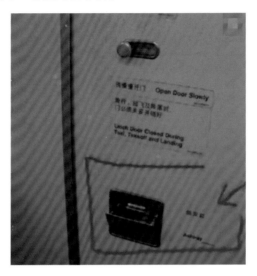

飞机上的烟灰缸

除了硬性规定外,飞机上设置烟灰缸也是出于安全考虑。有些烟民的烟瘾比较大,在长途飞行的过程中难免会有一些自觉性差的人跑到厕所抽烟,如果不设置烟灰缸的话,这些烟民的烟头可能会被随地乱丢,这样就会造成很大的安全隐患。

飞机上的禁烟标识

现在几乎所有的民航航班都禁止吸烟，禁烟的标志也四处可见。当然为了以防万一，烟灰缸也是飞机必备的产品。所以见到烟灰缸也不要奇怪，一切都是为了航空安全服务。

✈ 二、航空试验站——电容飞机制作

（一）活动要求

①取出教具包，并按照教具包中的要求完成电容飞机制作；

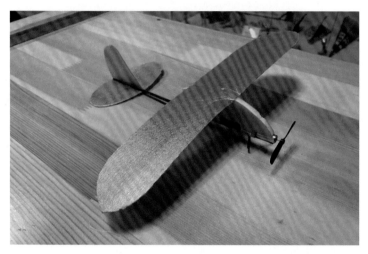

②学习"备份""以防万一"的思想，教具包中附赠了多余的吹塑纸，同学们可以观察哪个部分在飞行过程中容易损坏，提前制作机身相关部位的备份，也可利用吹塑纸对飞机进行改造；

③完成评价优化表，按照老师的要求，同学之间可以商量、讨论及比赛。

（二）评价优化

从评价优化表中所列的几个角度进行对比分析，还可以结合自己的分析补充其他影响因素，小组讨论后选代表阐述本组观点。

评价优化表

项　目	测试情况	改进方法	改进情况
整洁美观程度（A、B、C、D）			
对称性（A、B、C、D）			
易损部件			
留空时长 /s			
飞行距离 /m			

✈ 三、思维加油站——吸烟的危害

吸烟不仅危害人体健康，还会对社会产生不良的影响。任何有组织生物体只要还有生命迹象就必须要呼吸，呼出体内的二氧化碳，吸入空气中的氧气，进行新陈代谢，以维持正常的生命活动。不吸烟的人，每天都能吸入大量的新鲜空气；而经常吸烟的人，吸入的却是被烟雾污染的有毒气体。

烟叶里含有毒质烟碱，也叫尼古丁。1 g 的烟碱能毒死 300 只兔或 500 只老鼠。如果给人注射 50 mg 的烟碱，就会致死。吸烟对呼吸道危害最大，很容易引起喉头炎、气管炎、肺气肿等疾病。吸烟的时候烟从口入，经过喉咙、气管、支气管进入血

禁止吸烟

液里。世界前八位致死疾病中，有六种疾病与吸烟有关，即缺血性心脏病、脑血管病、下呼吸道感染、慢性阻塞性肺疾病、结核病和肺癌。吸烟可能诱发肺、喉、肾、胃、膀胱、结肠、口腔和食道等部位的肿瘤，以及慢性阻塞性肺疾病（英文简称 COPD）、缺血性心脏病、脑卒中、流产、早产、出生缺陷、阳痿等其他疾病。1998 年，在我国进行的 100 万死亡人群回顾性调查和 25 万人群追踪性调查结果显示：在我国人群中，所有归因于烟草的死亡中，COPD 和肺癌约占 60%；而与吸烟相关的疾病中，COPD 占 45%，肺癌占 15%，食管癌、胃癌、肝癌、脑卒中、冠心病和肺结核各占 5% ~ 8%。

二手烟同样会对健康造成严重损害，如导致呼吸道感染、支气管哮喘、肺功能下降、急性中耳炎等疾病。

所以，为了自己的健康一定不能吸烟，如果自己的家人朋友有吸烟的情况，一定要及时告知他们吸烟的危害。

✈ 四、头脑风暴室

（一）为什么正副驾驶员吃的东西不一样？

（二）飞机为什么有多个发动机？

第16章
航空航天技术对我们的生活有什么影响？

✈ 一、₃分钟航空故事——航空航天对人们生活的影响

　　航空航天技术使得我们的活动空间从陆地、海洋拓展到了大气层外的宇宙空间，人们终于可以亲眼看到孕育人类的地球是怎样一个美丽的蓝色星球。飞机的出现，改变了人们出行的方式，使得世界各地的联系更加紧密。航天对人类生活的影响，最直接的就是各种卫星的发射和应用。

　　世界杯足球赛踢得正欢，你能看到远在欧洲的比赛现场靠的是距地面 36 000km 的通信卫星，这才有了你兴奋的欢呼。如果我告诉你转播比赛的通信卫星坏掉了，你一定会沮丧不已，不过，这很少会碰到。所以千万不要以为航天技术距离我们十分遥远，与我们毫不相干，如果人类从未发展过航天技术，我们今天的生活将黯然失色。

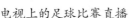
电视上的足球比赛直播　　　　　　　　　　　　　数码相机

　　如今，和朋友出门游玩时拿个小巧玲珑的数码相机已不再是什么新鲜事了。1969 年 7 月，美国"阿波罗"登月飞船上的航天员在月球上拍下了数码照片，尽管那个时候专用于航天的数码相机仍然使用感光胶片作为记录媒介，分辨率不到 30 万像素，但图像信号却能通过卫星系统顺利传送到地面指挥中心，这对于航天事业的发展无疑具有重大的意义。后来日本索尼公司率先对这种曾经用于军事科研的产品进行民用化研究，如今数码相机已经走入千家万户，为你我的生活增添了乐趣。

　　当你在一个陌生的城市游玩，你一定希望有人给你指路，然而经常碰到的情况是行人也不清楚。那么该怎么办呢？现在的导航系统可以把卫星传送的信号与地图资料相结合，我们通过显示器可以随时查看自己所在的位置，帮助我们准确认路。只要在电子地图上找到你要去的地方，与卫星信号相结合的电子地图就可以通过计算给你指出一条最近的路线。

以往只有在科幻电影中才出现的镜头，将一步步在我们的现实生活中实现。随着航空航天技术的发展，我们的生活还会发生哪些变化？让我们拭目以待！

✈ 二、航空试验站——四旋翼无人机操纵体验

（一）活动要求

①取出教具包，并按照教具包中的要求学习无人机的操纵；

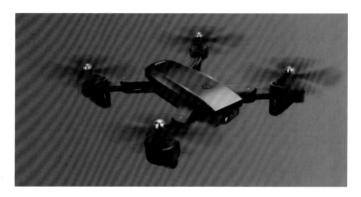

②试飞过程中一定要注意安全，按照老师要求进行试飞操作，不可私自试飞；

③完成评价优化表，按照老师的要求，同学之间可以商量、讨论及比赛。

（二）评价优化

从评价优化表中所列的几个角度进行对比分析，还可以结合自己的分析补充其他影响因素，小组讨论后选代表阐述本组观点。

评价优化表

项　目	测试情况	改进方法	改进情况
定高悬停（A、B、C、D）			
直线飞行用时 /s			
曲线飞行用时 /s			
操作熟练性（A、B、C、D）			

✈ 三、思维加油站——手表的发明

在手表出现之前，人们都用怀表看时间，怀表的英文名称是 Pocket Watch，意思就是口袋里的表。

怀表　　　　　　　　　　　　手表

1903 年，莱特兄弟制作出第一架靠自身动力飞行的飞机，这激发了更多人对飞机的探索。经营珠宝的法国商人路易斯·弗朗索瓦·卡地亚就有一位飞行员好友叫亚伯托·桑托斯·杜蒙。1904 年，他的朋友杜蒙向他抱怨，驾驶飞机时还要把怀表从口袋里拿出来，这真是太困难了，希望他能帮忙协助解决这个问题，以便在飞行时也能看到时间。因此，卡地亚便想出用皮带和扣将怀表绑在手上的方法，以解决好友的难题。而这种绑在手上的怀表，就是如今的手表最初的样子。

可以说，飞机的出现促使了手表的诞生，而手表的快速发展时期则是一战期间。一战时各国军方开始重视飞机战术战略的使用，飞机得到高速发展，这也促使交战各国军方意识到"免手提"腕表的重要性，手表开始在军队广泛运用，随后引发了一般民众对手戴腕表的热切需求。最开始飞机主要用于军事战争，但现在我们出门远行也能乘坐飞机，飞机作为最快的交通工具，极大地缩短了旅行时间，成为当今的主要交通工具。若唐代时就有飞机，也不会出现"一骑红尘妃子笑，无人知是荔枝来"的诗句了吧！杨贵妃只需要等待几个小时就可以吃到新鲜的荔枝了。

✈ 四、头脑风暴室

（一）为什么赛车尾巴有个横杠?

（二）尿不湿是如何发明的?